Rajeev Ranjan

Turbina Eólica Savonius

Rajeev Ranjan

Turbina Eólica Savonius

Aplicação na produção de eletricidade em auto-estradas

ScienciaScripts

Imprint

Any brand names and product names mentioned in this book are subject to trademark, brand or patent protection and are trademarks or registered trademarks of their respective holders. The use of brand names, product names, common names, trade names, product descriptions etc. even without a particular marking in this work is in no way to be construed to mean that such names may be regarded as unrestricted in respect of trademark and brand protection legislation and could thus be used by anyone.

Cover image: www.ingimage.com

This book is a translation from the original published under ISBN 978-3-659-82335-0.

Publisher:
Sciencia Scripts
is a trademark of
Dodo Books Indian Ocean Ltd. and OmniScriptum S.R.L publishing group

120 High Road, East Finchley, London, N2 9ED, United Kingdom
Str. Armeneasca 28/1, office 1, Chisinau MD-2012, Republic of Moldova, Europe
Printed at: see last page
ISBN: 978-620-8-20053-4

Copyright © Rajeev Ranjan
Copyright © 2024 Dodo Books Indian Ocean Ltd. and OmniScriptum S.R.L publishing group

Dedicado à minha querida mulher Ghotti e à minha filha Khushi

Conteúdo

Agradecimentos

Neste percurso, estou grato a muitos colegas, nomeadamente, Abhijit Saha e Sourav Sarkar do Instituto de Tecnologia de Haldia, que contribuíram significativamente com sugestões valiosas. Reconheço com gratidão as contribuições dos meus sinceros ex-alunos de Engenharia Mecânica - Anil Ghorai, Ashish Ranjan, Jaydeep Gupta, Nawal Prabhat e Santanu Giri.

Estou extremamente grata às minhas famílias, que aceitaram graciosamente a minha incapacidade de tratar das tarefas familiares durante a redação deste projeto, e sobretudo pelo seu calor e encorajamento. Sem o seu apoio, não teria sido capaz de me aventurar neste projeto.

Por último, mas não menos importante, exprimo os meus sinceros agradecimentos à equipa editorial da LAP LAMBERT Academic Publishing por ter tomado iniciativas louváveis para a publicação deste texto.

Aguardo com expetativa os vossos comentários. Podem contactar-me por correio eletrónico em rajeevranjan.br@gmail.com e rajeev86_india@yahoo.in.

Rajeev Ranjan

Nomenclaturas

m: mass of air transferring

A: area swept by the rotating blades of wind mill

ρ: Density of air

V: velocity of air

VAWT: Vertical Axis Wind Turbines

HAWT: Horizontal Axis Wind Turbines

F_N: normal drag force,

F_T: tangential drag force,

ΔP: pressure difference between the concave and convex surfaces of the blade

S: chord length of the blade

D: rotor diameter,

H: rotor height

η: the efficiency of the turbine

P: power output

ω: the angular velocity

λ: Tip speed ratio

n: number of blades

E: Young's Modulus of elasticity

U: Strain energy

Capítulo 1:
Introdução

1.0 Introdução

As fontes de energia típicas, como o carvão e o petróleo não renováveis, são queimadas para produzir energia. Este processo tem um impacto negativo no ambiente, principalmente através da libertação de gases com efeito de estufa e, em menor escala, de gases tóxicos. Estes gases podem afetar o clima e a qualidade do ar na Terra. Uma vez que estes combustíveis fósseis estão a esgotar-se, os investigadores principais estão a explorar a utilização de energia verde como uma alternativa aos recursos energéticos não renováveis.

Energia verde ou eco-energia são termos utilizados para exprimir a energia produzida ou gerada por recursos naturais e renováveis que causam um impacto negativo mínimo no meio envolvente. As energias eólica, solar, geotérmica, hídrica e biológica são todas consideradas energias verdes. A energia verde envolve a produção de energia a partir de fenómenos naturais como o vento, a luz solar, as marés, as plantas e o calor geotérmico gerado nas profundezas da terra. Por exemplo, a energia eólica pode ser aproveitada permitindo que o vento faça girar as turbinas e convertendo a energia de rotação em eletricidade. A energia verde e os recursos alternativos sustentáveis representam atualmente quase 16% do consumo global de energia e estão a aumentar de forma constante.

O desenvolvimento da energia verde tem como principal objetivo a produção de energia com um mínimo de resíduos e poluição. A evolução das condições económicas e ambientais a nível mundial obrigou algumas nações e organizações a reorganizarem as suas estratégias, afastando-se lentamente da queima convencional de combustíveis fósseis e trabalhando no sentido de uma existência com menos carbono. O principal objetivo do desenvolvimento e promoção de fontes de energia alternativas e renováveis é reduzir os custos da energia e as emissões de gases com efeito de estufa.

O consumo de um recurso a uma velocidade superior à sua capacidade de reposição é designado por esgotamento de recursos. Os recursos naturais dividem-se normalmente entre recursos renováveis e recursos não renováveis. A utilização de qualquer uma destas formas de recursos para além da sua taxa de substituição é considerada como esgotamento de recursos.

A nossa população mundial atual é de 7,2 mil milhões de pessoas e está a aumentar. Os recursos totais da Terra só são suficientes para 2 mil milhões de pessoas com a procura atual. Façamos as contas e é óbvio que o resultado é negativo. Da forma como vivemos, já estamos a utilizar 2 a 3 vezes mais os recursos naturais da Terra do que aquilo que é sustentável. Se não agirmos agora, veremos as consequências do esgotamento dos recursos naturais e não vai ser bonito. Uma Terra desolada e seca não é um sítio divertido para se viver.

1.1 Antecedentes

O vento está literalmente à mão de semear e não custa dinheiro. A energia pode ser produzida e armazenada por uma turbina eólica com pouca ou nenhuma poluição. Se a eficiência da turbina eólica comum for melhorada e generalizada, as pessoas comuns podem reduzir imenso os seus custos de eletricidade.

Desde o século VII que as pessoas têm vindo a utilizar o vento para facilitar as suas vidas. O conceito de moinhos de vento teve origem na Pérsia. Os persas utilizavam originalmente o vento para irrigar as terras agrícolas, esmagar os cereais e moer. Foi provavelmente daí que surgiu o termo moinho de vento. Desde a utilização generalizada dos moinhos de vento na Europa, durante o século XII, algumas zonas, como os Países Baixos, prosperaram com a criação de vastos parques eólicos.

No entanto, os primeiros moinhos de vento não eram muito fiáveis nem eficientes do ponto de vista energético. Apenas metade da rotação da vela era utilizada. Eram normalmente lentos e tinham um rácio de velocidade de ponta baixo, mas eram úteis para o binário. Desde a sua criação, o homem tem tentado constantemente melhorar o moinho de vento. Como resultado, ao longo dos anos, o número de pás dos moinhos de vento diminuiu. A maioria dos moinhos de vento modernos tem 5-6 pás, enquanto os moinhos de vento do passado tinham 4-8 pás. Os moinhos de vento do passado também tinham de ser direcionados manualmente para o vento, enquanto os moinhos de vento modernos podem ser automaticamente direcionados para o vento. O desenho das velas e os materiais utilizados para as criar também mudaram ao longo dos anos. Na maioria dos casos, a altitude do rotor é diretamente proporcional à sua eficiência. De facto, uma turbina eólica moderna deve estar a pelo menos seis metros de altura e a trezentos metros de distância de uma obstrução, embora seja ainda mais ideal que esteja a trinta metros de altura e a quinhentos metros de distância de qualquer obstrução.

Os locais têm velocidades de vento diferentes. Alguns locais, como as Ilhas Britânicas, têm poucos habitantes devido às elevadas velocidades do vento, mas são ideais para a produção de energia eólica. Sabia que o maior parque eólico do mundo se situa na Califórnia e que a energia eólica total aí produzida excede os 1.400 megawatts de eletricidade? (Uma central nuclear típica gera 1.000 megawatts).

Várias caraterísticas geográficas, como as montanhas, também têm influência no vento. As montanhas podem criar brisas de montanha à noite, devido ao facto de o ar mais frio descer a montanha e ser aquecido pelo ar mais quente do vale, provocando uma corrente de convecção. Os vales são afectados da mesma forma. Durante o dia, o ar mais frio está acima dos vales e o ar quente está acima das montanhas. O ar quente acima da montanha sobe acima dos vales e arrefece, criando assim uma corrente de convecção na direção oposta e criando um vento de vale. Os oceanos criam correntes de convecção, assim como as montanhas ou os vales. Durante o dia, o ar mais quente está acima do mesmo e o ar mais frio está acima do oceano. O ar aquece sobre a areia e sobe acima do oceano e depois arrefece, criando a corrente de convecção. À noite, o ar mais frio está sobre a areia e o ar mais quente está sobre o oceano, pelo que o ar aquece sobre o oceano e arrefece sobre a areia. Como se pode ver claramente, a hora do dia também afecta o vento.

Sabemos que para os moinhos de vento funcionarem é necessário haver vento, mas como é que eles funcionam? Na verdade, existem dois tipos de moinhos de vento - os moinhos de vento de eixo horizontal e os moinhos de vento de eixo vertical. Os moinhos de vento de eixo horizontal têm um rotor horizontal muito parecido com o clássico moinho de vento holandês de quatro braços. Os moinhos de vento de eixo horizontal baseiam-se principalmente na elevação do vento. Como se afirma no Princípio de Bernoulli, *um fluido desloca-se de uma área de maior pressão para uma área de menor pressão*. Também se afirma que, *à medida que a velocidade de um fluido aumenta, a sua densidade diminui.* Com base neste princípio, as pás dos moinhos de vento de eixo horizontal foram concebidas de forma muito semelhante às asas de um avião, com um topo curvo. Esta conceção aumenta a velocidade do ar no topo da lâmina, diminuindo assim a sua densidade e fazendo com que o ar na parte inferior da lâmina se desloque para o topo, criando elevação. As pás são inclinadas no eixo para utilizar a elevação na rotação. As pás das turbinas eólicas modernas são projectadas para obter o máximo de elevação e o mínimo de arrasto.

Os moinhos de vento de eixo vertical, como os Durries (construídos em 1930), utilizam o arrastamento em vez da elevação. O arrasto é a resistência ao vento, como uma parede de tijolo. As pás dos moinhos de vento de eixo vertical são concebidas para oferecer resistência ao vento e, consequentemente, são empurradas pelo vento. Os moinhos de vento, tanto de eixo vertical como horizontal, têm muitas utilizações. Algumas delas são: bomba hidráulica, motor, bomba de ar, bomba de óleo, agitação, criação de fricção, diretor de calor, gerador elétrico, bomba de Freon e também pode ser utilizado como bomba centrífuga.

Existem muitos tipos de moinhos de vento, tais como: o moinho de torre, o moinho de meia, o moinho de vela, a bomba de água, o moinho de mola, o moinho de várias pás, o Darrieus, o savonis, a cicloturbina e o clássico moinho de vento de quatro braços. Todos os moinhos de vento acima referidos têm as suas vantagens. Alguns moinhos de vento, como o moinho de vela, são relativamente lentos, têm um rácio de velocidade de ponta baixo e não são muito eficientes em termos energéticos em comparação com a cicloturbina, mas são muito mais baratos e o dinheiro é o grande equalizador.

Ao longo dos anos, o moinho de vento tem sido objeto de muitas melhorias. Os moinhos de vento foram equipados com travões de ar, para controlar a velocidade em caso de ventos fortes. Alguns moinhos de vento de eixo vertical foram mesmo equipados com pás articuladas para evitar as tensões a altas velocidades do vento. Alguns moinhos de vento, como a ciclo-turbina, foram equipados com uma palheta que detecta a direção do vento e faz com que o rotor rode ao sabor do vento. Os geradores das turbinas eólicas foram equipados com caixas de velocidades para controlar as velocidades [do veio]. As turbinas eólicas também foram equipadas com geradores que convertem a potência do eixo em energia eléctrica. Muitas das velas dos moinhos de vento foram também substituídas por aerofólios semelhantes a hélices. Alguns moinhos de vento podem também parar com o vento para controlar a velocidade do vento. Mas, acima de todos estes melhoramentos, o mais importante foi efectuado em 1745, quando foi inventado o leme de vento. O leme de vento faz rodar automaticamente as velas em direção ao vento.

Outra necessidade de um moinho de vento é a torre. Há muitos tipos de torres. Algumas torres têm cabos de sustentação e outras não. As torres sem cabos de sustentação são chamadas torres autónomas. Um aspeto a ter em conta sobre uma torre é que tem de suportar o peso do moinho de vento juntamente com o peso da torre. As torres também estão sujeitas a arrastamento. Os cientistas estimam que, no século XXI, dez por cento da eletricidade mundial será produzida por moinhos de vento.

1.2 Produção de eletricidade

Nas últimas décadas, registou-se um rápido aumento do crescimento da população, do nível de vida e da industrialização. Estes factores conduziram a um aumento da procura de eletricidade e não se espera que esta diminua tão cedo. Convencionalmente, a procura de eletricidade é satisfeita pelas fontes primárias, como o combustível fóssil, mas a sua inerente finitude e a degradação do ambiente obrigam à procura de melhores alternativas.

Uma solução são as fontes de energia renováveis não convencionais. Os recursos renováveis devem ser investigados e desenvolvidos para orientar o aprovisionamento energético mundial para uma via sustentável. A luz solar, o vento, a chuva, as marés e a geotermia são as fontes de energia renováveis. A renovabilidade é a propriedade da fonte de energia de não se esgotar quando utilizada, quer devido à sua quantidade inerente em massa, quer devido ao seu rápido reabastecimento.

Os recursos renováveis são uma escolha muito sensata devido às suas muitas vantagens: são amigos do ambiente, inesgotáveis e requerem menos manutenção. A única desvantagem é o facto de exigirem um capital muito elevado para a sua instalação, embora o investimento seja compensado pelo seu baixo custo de funcionamento. Uma vez terminada a construção, a energia produzida é gratuita. A energia eólica é captada por turbinas eólicas. Estas convertem a energia eólica em energia eólica com a utilização de um gerador elétrico. Existem dois tipos de turbinas eólicas: (1) Turbina eólica de eixo horizontal, (2) Turbina eólica de eixo vertical. A turbina eólica de eixo vertical recolhe o vento a 360°, algumas com lâminas helicoidais são capazes de funcionar com o vento a fluir de cima para baixo. Devido à sua versatilidade, as turbinas eólicas de eixo vertical são consideradas ideais para instalações onde os ventos são inconsistentes ou onde as turbinas podem ser colocadas a uma altura suficiente para que haja ventos constantes. As zonas urbanas e suburbanas têm ventos inconsistentes, pelo que faz sentido instalar turbinas eólicas de eixo vertical nessas zonas.

A elevada densidade de edifícios altos e arranha-céus faz com que as correntes de vento horizontais se desviem e fluam perpendicularmente à superfície do solo. O VAWT helicoidal pode utilizar esta corrente de vento que sopra de qualquer direção para deslocar as pás e produzir binário, gerando assim eletricidade. Outra aplicação em que os VAWT podem ser utilizados é nas auto-estradas, onde o vento é quase constante, devido ao movimento rápido dos veículos. A principal motivação desta revisão foi estudar as diferentes opções disponíveis de VAWT e escolher um tipo que tenha maior destaque nas auto-estradas. A procura de eletricidade para a iluminação e actividades diversas nas auto-estradas, tais como as praças de portagem, é satisfeita por um grupo de eletricidade local. A instalação de VAWT na faixa mediana das auto-estradas reduzirá certamente a dependência mencionada, tornando-a autossustentável no futuro.

O gráfico seguinte mostra a distribuição das várias fontes de eletricidade na Índia.

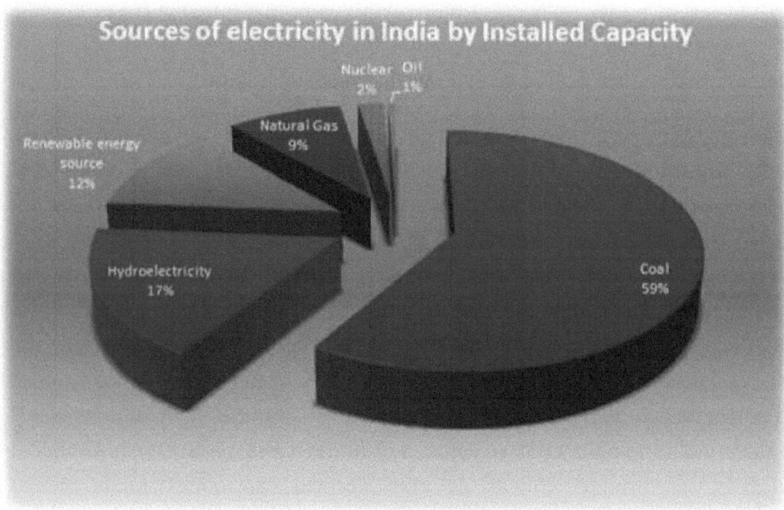

Fig.1.1 Fontes de eletricidade na Índia

Na Índia, as centrais eléctricas renováveis constituíram 27,80% da capacidade total instalada e as centrais eléctricas não renováveis os restantes 72,20%. É igualmente indicado que, na Índia, o carvão é o principal recurso para a produção de eletricidade. No entanto, as reservas de carvão estão a esgotar-se muito rapidamente, o que exige a procura de fontes alternativas.

1.3 Cenário energético mundial

A utilização de energias renováveis foi de cerca de 1,7 mil milhões de toneladas de equivalente petróleo em 2010, representando 13% da procura mundial de energia primária. Com a evolução das contribuições das diferentes fontes renováveis, esta quota manteve-se constante. A energia hidroelétrica, que é a maior fonte de energia renovável, manteve-se estável. A energia solar cresceu 42% por ano durante este período, enquanto a eletricidade gerada pelo vento aumentou 27%. O sector das energias renováveis não ficou imune à recente crise económica mundial, mas o desempenho mais fraco em algumas regiões, por exemplo, em partes da Europa e dos Estados Unidos, foi largamente compensado pelo forte crescimento no resto do mundo, nomeadamente na Ásia.

Para resolver o problema energético mundial e os efeitos nocivos das fontes de energia convencionais sobre o ambiente, é dada grande atenção em todo o mundo à utilização de fontes de energia renováveis. A energia eólica tem merecido um interesse especial devido ao seu carácter competitivo. A turbina Savonius é uma turbina eólica de eixo vertical que se caracteriza por ser mais barata, de construção mais simples e de baixa velocidade. Isto torna-a adequada para a produção de energia eléctrica em muitos países.

A energia eólica é muito importante como um dos recursos energéticos limpos. As turbinas eólicas são a ferramenta mais importante da energia eólica. A turbina eólica Savonius é uma das turbinas eólicas de eixo vertical. A sua estrutura é simples, tem boas caraterísticas de arranque, velocidades de funcionamento relativamente baixas e capacidade de captar vento de qualquer direção. A turbina eólica Savonius é construída simplesmente com dois semicilindros verticais.

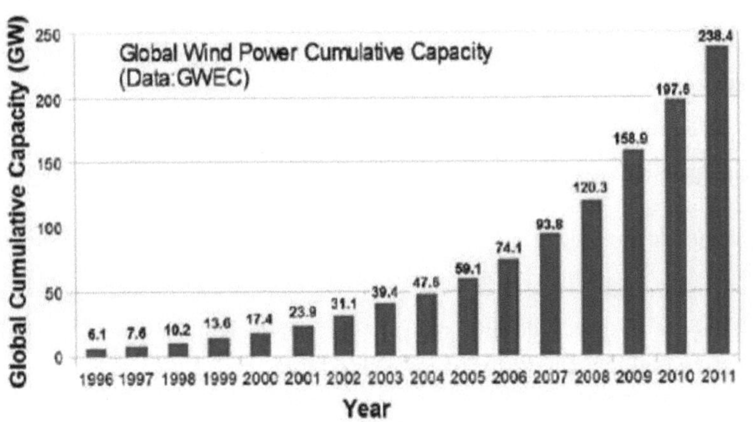

Fig. 1.2 Tendência global dos dados de aproveitamento da energia eólica

Capítulo 2:
Exploração eólica

2.0 Introdução

Existem cinco tipos principais de energia renovável: solar, geotérmica, bioenergia, energia hidroelétrica e eólica. Estes tipos de fontes de energia serão o futuro para um mundo mais limpo e mais eficiente em termos energéticos.

O vento é o movimento do ar provocado pelo aquecimento desigual da superfície terrestre, pelas forças de pressão do ar e pela rotação da Terra em torno do seu eixo. As informações relevantes para a conceção de sistemas de energia eólica são as seguintes

i) Informações sobre a fonte de vento, por exemplo, a velocidade do vento e a frequência do fluxo de vento

ii) Requisitos de instalação que incluam a avaliação e a previsão da desejabilidade relativa

iii) As variações temporais de curto prazo na direção do vento devem ser consideradas na conceção e no funcionamento das turbinas eólicas.

A energia eólica capta o vento na atmosfera e converte-o em energia mecânica e depois em eletricidade. Existem três tipos principais de energia eólica: a energia eólica à escala dos serviços públicos, a energia eólica distribuída ou de pequena dimensão e a energia eólica offshore. A energia eólica à escala dos serviços públicos descreve as turbinas eólicas com mais de 100 quilowatts. A eletricidade produzida por estas turbinas é entregue a uma rede eléctrica e distribuída ao utilizador por empresas de eletricidade ou operadores de sistemas de energia. A energia eólica distribuída é aquela que utiliza turbinas de 100 quilowatts ou menos para alimentar diretamente uma casa, uma quinta ou uma pequena empresa para a sua utilização principal. Por último, a energia eólica offshore é a energia eólica que consiste em turbinas eólicas instaladas em massas de água em todo o mundo. Um parque eólico é um grupo de turbinas eólicas localizadas na mesma área e que são utilizadas para produzir energia. Um grande parque eólico pode consistir em centenas de turbinas eólicas individuais e pode cobrir centenas de quilómetros quadrados, mas a terra entre as turbinas pode ser utilizada para fins agrícolas ou outros. Em comparação com o impacto ambiental das fontes de energia tradicionais, o impacto da energia eólica é relativamente pequeno. A energia eólica não consome combustível e não emite poluição atmosférica. A energia necessária para fabricar e transportar os materiais necessários à construção de um parque eólico é equivalente à energia produzida pelo parque ao fim de apenas alguns meses.

2.1 A força do vento

A energia do vento pode ser calculada utilizando os conceitos da cinética. O moinho de vento funciona com base no princípio da conversão da energia cinética do vento em energia mecânica. A energia cinética de qualquer partícula é igual a metade da sua massa vezes o quadrado da sua velocidade.

$$\text{Energia cinética} = .\ \tfrac{1}{2}\, m\, V^2$$

A quantidade de ar que passa é dada por

$$m = \rho\, AV$$

Onde,

    m = massa de ar a transferir, kg

    A = área varrida pelas pás rotativas do moinho de vento, metros quadrados

    ρ = Densidade do ar, kg/cu. m

    V = velocidade do ar, m/s

Substituindo este valor da massa na expressão de K.E.

$$\text{Energia cinética} = \tfrac{1}{2}\, \rho\, AV.V^2 \ (watts)$$
$$= \tfrac{1}{2}\, \rho\, AV^3 \ (watts)$$

Assim, esta equação diz-nos que a potência disponível é proporcional à densidade do ar (1,225 kg/m) e também proporcional à área de interceção. Como a área é normalmente circular de diâmetro D nas turbinas aeronáuticas de eixo horizontal, então,

$$A = (\pi/4)\, D^2 \ (Sq.\ m)$$

Por conseguinte,

$$\text{Energia eólica disponível,}\ P = (\rho\, \pi\, D^2\, V^3)/8 \ (watts)$$

DIAGRAMA DE BLOCOS PARA A PRODUÇÃO DE ENERGIA EÓLICA

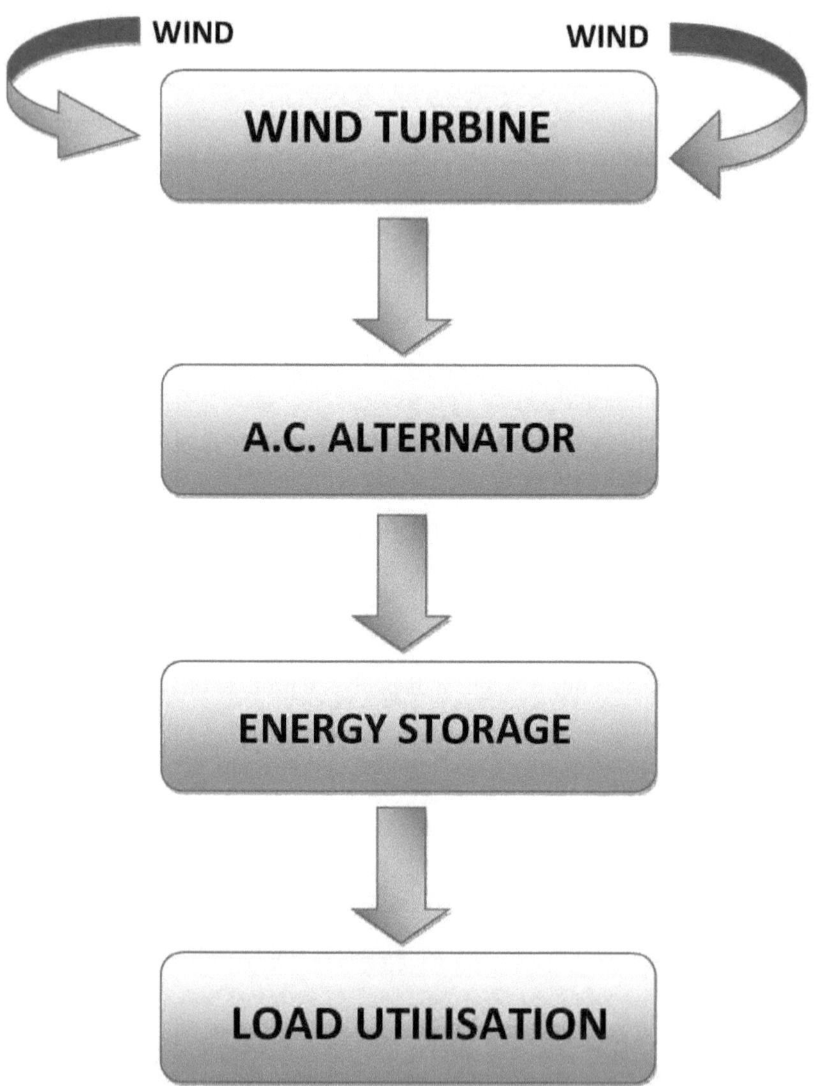

2.2 Mecânica e dinâmica da turbina eólica

Uma turbina eólica deve suportar as cargas a que está sujeita. Os princípios da resistência dos materiais são utilizados na conceção das turbinas eólicas. As vibrações são outra forma importante de carga dinâmica das turbinas. Nesta secção, observa-se a resposta da turbina eólica às forças aerodinâmicas utilizando abordagens progressivamente mais pormenorizadas. A segunda abordagem trata do efeito da rotação do rotor da turbina eólica, para além do ambiente de funcionamento. A primeira abordagem utiliza uma abordagem em estado estacionário que decorre diretamente das discussões sobre o rotor ideal no capítulo três. A segunda abordagem inclui os efeitos da rotação do rotor da turbina eólica. A segunda abordagem não pressupõe que o ambiente seja uniforme, pelo que são tidos em conta os efeitos do cisalhamento do vento e do movimento de guinada do veículo e a orientação das turbinas. Finalmente, nesta secção são discutidas algumas abordagens mais pormenorizadas para investigar a dinâmica das turbinas eólicas

2.2.1 Cargas das turbinas eólicas

Existem, principalmente, cinco tipos de cargas que actuam sobre a turbina.

- Cargas estáveis
Não variam relativamente durante um longo período de tempo. Podem ser estáticas ou rotativas. São cargas não variáveis no tempo que incidem sobre uma estrutura. Por exemplo, vento constante
- Cargas cíclicas
As variações periódicas regulares têm como resultado, por exemplo, o peso das pás, o cisalhamento do vento e o movimento de guinada
- Cargas transitórias
Um exemplo de uma carga impulsiva é a experimentada por uma pá de um rotor a favor do vento quando passa por trás da torre (através da sombra da torre). A força exercida num amortecedor de vibração quando a gama normal de vibração é excedida é outro exemplo de carga impulsiva. A oscilação é a fixação dos rotores ao eixo, permitindo que se movam em torno do pino.
- Cargas estocásticas
Estas cargas variam no tempo como cargas cíclicas, transientes e impulsivas. As cargas variam de uma forma mais aparentemente aleatória. O valor médio pode ser relativamente constante, mas pode haver flutuações significativas em relação à média, especialmente durante a turbulência do vento.
- Carga induzida por ressonância
A ressonância resulta da resposta dinâmica de uma parte da turbina eólica que é excitada numa das suas próprias frequências naturais.
Ocorrem devido à má conceção do sistema de turbinas eólicas.

2.2.2 Fontes de carga

São os seguintes:
- Aerodinâmica
- Gravidade

- Interações dinâmicas
- Controlo mecânico

2.2.3 Efeitos das cargas

As cargas sofridas por uma turbina eólica são importantes e devem ser capazes de as suportar Cargas variáveis podem causar danos por fadiga nos componentes da máquina. Assim, um determinado componente pode falhar com cargas muito mais baixas.

2.3 Seleção do material da turbina eólica

Apresentam-se de seguida os materiais habitualmente utilizados no fabrico de turbinas eólicas. A tabela é gerada a partir de dados disponíveis na Internet.

Quadro 2.1 Índice de seleção de materiais

MATERIAL	DENSIDAD E g/cm³	RESISTÊNCI A À TRACÇÃO (MPA)	JOVEM MÓDULO (GPA)	TESOURA FORÇA (MPA)	PREÇO. £ Por Kg-
E VIDRO	2.55	2000	80	40	1-2
S VIDRO	2.49	4750	89	45	12-20
ALUMÍNIO	2.75	310	68.9	1.8	0.39
FIBRA DE CARBONO (REFORÇADO COM PLÁSTICO)	2.00	2900	525	70	20-30
MADEIRA	0.745	87	64	65.33	3
ALUMÍNIO REFORÇADO FIBRA DE CARBONO	3.28	1950	297	167	10-20

O índice de seleção de materiais é aplicado para selecionar o material mais adequado
O índice de seleção de materiais é definido como

$$\text{Índice de seleção de materiais} - \frac{\text{Most desirable properties}}{\text{Most undesirable properties}}$$

2.3.1 As propriedades mais desejáveis são

- Elevada resistência à tração

- Elevada resistência ao cisalhamento
- Módulo de Young elevado

2.3.2 As propriedades mais indesejáveis são
- Preço elevado
- Alta densidade

2.3.3 Outros factores a ter em conta na seleção do material são
- Resistência à corrosão
- Disponibilidade
- Facilidade de fabrico
- Substituição

Capítulo 3:
Tipos de turbinas eólicas

3.1 Turbinas eólicas de eixo horizontal (HAWT)

De um modo geral, as turbinas podem ser agrupadas em duas categorias: turbinas eólicas de eixo horizontal (HAWT) e turbinas eólicas de eixo vertical (VAWT). As turbinas eólicas de eixo horizontal são as que normalmente se pensa quando se fala de uma turbina eólica. A turbina eólica de eixo horizontal pode ser visualizada como um ventilador de caixa convencional, um conjunto de pás ligadas a um eixo paralelo ao solo; no entanto, a função da turbina é o oposto de um ventilador de caixa. É normalmente constituída por duas a três pás ligadas a um veio que está ligado a um gerador que produzirá energia a partir do trabalho do veio. Existem dois tipos principais de HAWT, as que estão viradas para o vento e as que estão viradas para o exterior. As turbinas viradas para o vento requerem um leme ou outro tipo de mecanismo para se poderem auto-orientar para o vento que entra. As que estão viradas para fora do vento não necessitam deste leme para se auto-orientarem, no entanto sofrem de uma vibração devido ao facto de a torre de suporte bloquear parte do fluxo de vento.

3.2 Turbinas eólicas de eixo vertical (VAWT)

As turbinas eólicas de eixo vertical funcionam com base no mesmo princípio de conversão do movimento de rotação devido ao vento em trabalho do veio, que é depois convertido em eletricidade através da utilização de um gerador. As VAWT contêm um eixo perpendicular ao solo (ao contrário do eixo paralelo utilizado pelas HAWT). Ao contrário dos HAWTs, os VAWTs podem apanhar o vento independentemente da posição para a qual estão virados, o que os torna mais versáteis. Além disso, os VAWTs podem funcionar em padrões de vento mais irregulares do que os HAWTs. Existem duas concepções principais de pás utilizadas nos VAWT que funcionam com base em princípios diferentes: o tipo Savonius e o tipo Darrieus.

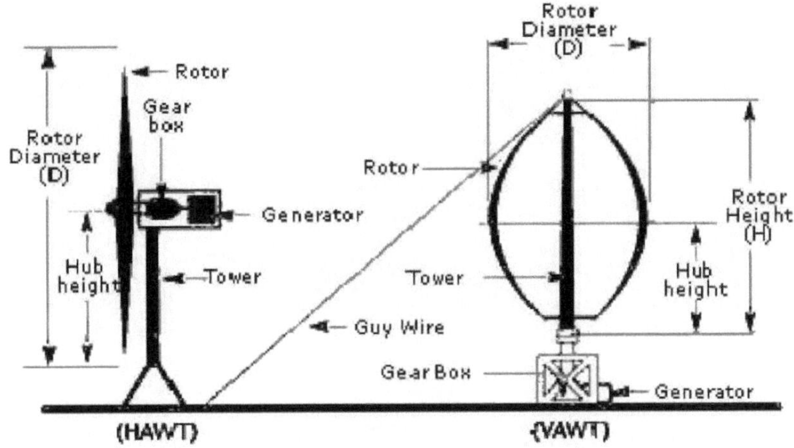

Fig. 3.1 HAWT e VAWT

3.3 Tipos de VAWT com base na forma das pás

3.3.1 Turbina Savonius

As turbinas Savonius são uma das turbinas mais simples. Aerodinamicamente, são dispositivos do tipo arrasto, constituídos por duas ou três conchas. Olhando para o rotor de cima, uma máquina com duas conchas tem a forma de um "S" em secção transversal. Devido à curvatura, as conchas sofrem menos arrasto quando se movem contra o vento do que quando se movem com o vento. O arrastamento diferencial faz com que a turbina Savonius gire. Por serem dispositivos do tipo arrasto, as turbinas Savonius extraem muito menos energia do vento do que outras turbinas do tipo elevador de tamanho semelhante. Grande parte da área varrida de um rotor Savonius pode estar perto do solo, se tiver uma montagem pequena sem um poste estendido, tornando a extração global de energia menos eficaz devido às velocidades de vento mais baixas encontradas em alturas mais baixas. As pás do tipo Savonius são robustas e simplistas. Este facto pode reduzir os custos, uma vez que são mais fáceis de fabricar, necessitam de menos manutenção e podem durar mais tempo em ambientes mais adversos. No entanto, a sua eficiência é cerca de metade da de outros modelos do tipo elevador (como o Darrieus). Um exemplo de um projeto do tipo Savonius é apresentado na Figura seguinte. Numa turbina Savonius simples, as pás encontrar-se-iam no eixo central, no entanto, nesta, estão deslocadas por uma distância de modo a criar mais potência.

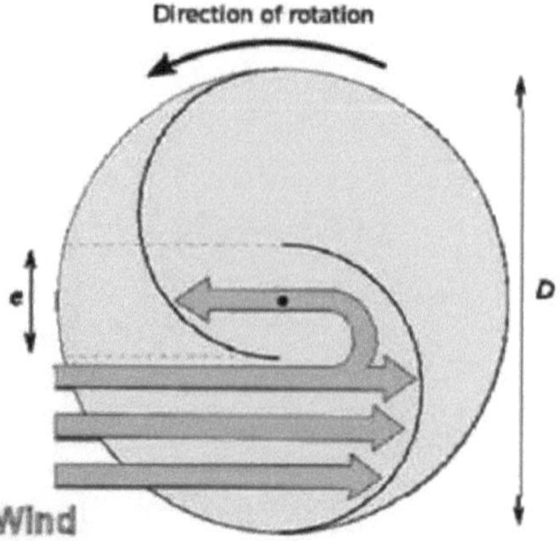

Fig. 3.2 Metodologia de funcionamento da turbina eólica Savonius

3.3.2 Turbina Darieus

As pás do tipo Darrieus utilizam as forças de elevação do vento para rodar as pás. As pás têm uma forma de aerofólio e, em vez de estarem orientadas horizontalmente, como num avião, estão orientadas verticalmente. O ar que viaja ao longo do exterior da curva (o que seria o topo de uma asa) tem de viajar a uma velocidade maior do que o ar no interior da lâmina. Isto cria uma área de pressão mais baixa no exterior da pá e, por conseguinte, uma força líquida sobre a pá para o exterior. Ao controlar o ângulo da pá, esta força líquida provoca a rotação da pá.

Existem muitas variações diferentes do tipo tradicional Darrieus, também referido como o tipo "batedor de ovos"; estas variações incluem o Giromill (ou o Darrieus "H-Type"), a turbina helicoidal Gorlov e a cicloturbina. Devido ao facto de a pá ir contra o vento em vez de ir com o vento (como acontece na pá do tipo Savonius), pode girar mais depressa do que a velocidade do vento, o que resulta numa maior eficiência. No entanto, esta maior eficiência tem um custo elevado. A lâmina é mais difícil de fabricar do que uma lâmina Savonius, aumentando o custo de produção. Além disso, os VAWTs normais do tipo Darrieus não são de arranque automático, pelo que necessitam de um motor ou de outra solução para os elevar a uma velocidade suficiente para que possam começar a produzir a sua própria energia. Uma análise simples do funcionamento de uma turbina eólica Darrieus do tipo Giromill pode ser vista na Figura abaixo.

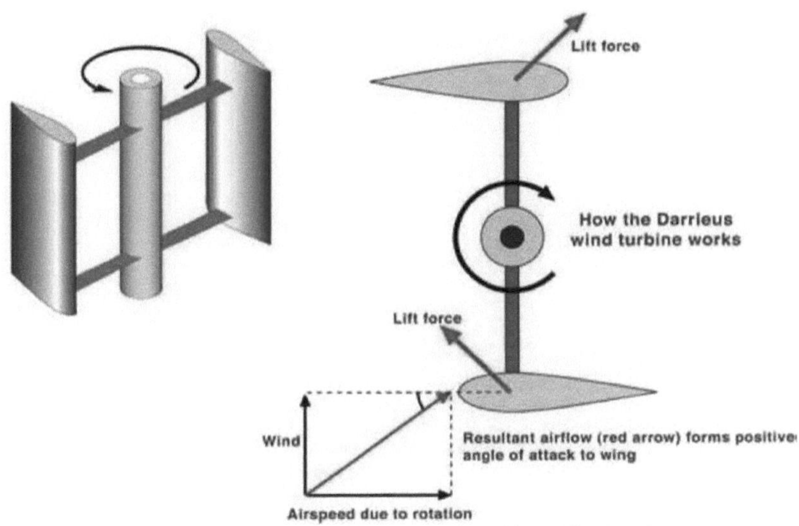

Fig. 3.3 Metodologia de funcionamento da turbina eólica Darrieus

3.3.3 Turbina helicoidal de Gorlov

O tipo de lâmina Gorlov Helical é um derivado do tipo de lâmina Darrieus, originalmente desenvolvido pelo seu homónimo Alexander M. Gorlov para ser utilizado em aplicações hidroeléctricas. Tenta resolver os problemas de vibração e ruído do projeto Darrieus original, através da utilização de pás curvas helicoidais em vez de pás rectas. Na configuração tradicional de Darrieus, à medida que as pás rodam, o ângulo de ataque muda, resultando em áreas ao longo da rotação em que a pá está num impasse. Isto provoca vibrações que reduzem a vida útil da turbina, para além de provocar ruído, o que é especialmente indesejável em ambientes urbanos.

O tipo de lâmina Gorlov, por outro lado, é curvado de forma helicoidal, o que significa que, ao longo do seu percurso de rotação, pelo menos uma parte da lâmina não estará em estol, o que reduz consideravelmente a vibração e o ruído gerados.

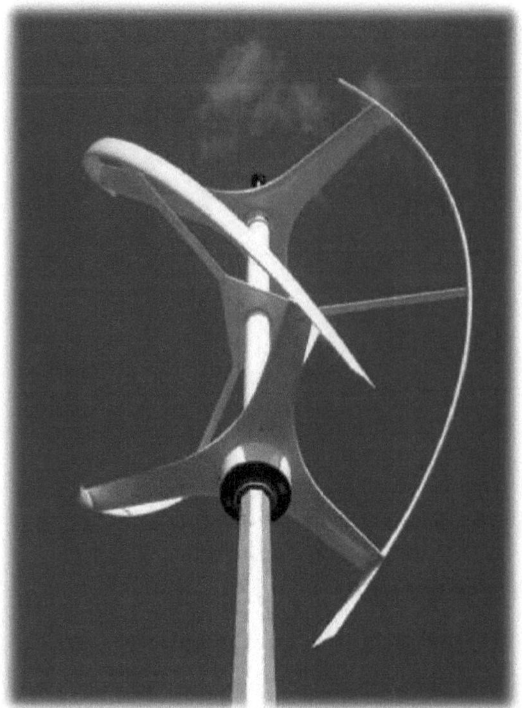

Fig.3.4 VAWT de lâmina helicoidal de Gorlov

3.4 Escolha da turbina adequada para a obra

A motivação para este trabalho é contribuir para a tendência global de energia limpa de uma forma viável. A energia eólica é a fonte de energia limpa que está a crescer mais rapidamente em todo o mundo. E tais iniciativas são muito importantes para avançar em direção ao objetivo do desenvolvimento sustentável.

Os ventos são produzidos devido ao aquecimento não uniforme da superfície terrestre pela radiação solar incidente. Dependendo da geometria da crosta, as fontes não estão distribuídas uniformemente por todo o globo. Um dos principais problemas desta tecnologia é a flutuação da fonte de vento. Existe um número limitado de locais no planeta com um fluxo constante de ventos com a velocidade necessária para o funcionamento. Este fator limita em grande medida a utilização de equipamentos baseados no vento.

Fig.3.5 Turbinas eólicas de eixo horizontal

Um dos principais problemas das turbinas eólicas é o facto de o vento necessário para as fazer funcionar nem sempre ser consistente ou estar facilmente disponível. É por isso que, para este trabalho de investigação, considerámos os canteiros centrais das auto-estradas como um potencial para a colocação de turbinas eólicas de eixo vertical. Existe uma fonte quase constante de energia eólica nas auto-estradas devido ao movimento rápido dos veículos. O nosso objetivo é verificar se existe ou não um aumento significativo da velocidade do vento e/ou das rajadas de vento numa berma de autoestrada induzido pela passagem de veículos.

Fig.3.6 VAWT na autoestrada

Os veículos estão abundantemente distribuídos por todo o mundo, ao contrário das zonas ventosas. Nas zonas urbanas, as auto-estradas estão inundadas 24 horas por dia e o movimento destes veículos cria uma turbulência suficiente para provocar a rotação das turbinas colocadas nas proximidades. Um conjunto destas turbinas eólicas ao longo das auto-estradas seria suficiente para produzir eletricidade suficiente para carregar as baterias que, por sua vez, alimentariam as luzes.

Em conjunto com os testes de velocidade do vento, também são pesquisadas turbinas eólicas para descobrir qual tipo de turbina seria mais adequado para um cenário de canteiro central de rodovia. Com base na nossa pesquisa, concluímos que a turbina eólica de eixo vertical Savonius é provavelmente a mais adequada, uma vez que tem um bom desempenho em baixas velocidades de vento e rajadas elevadas. Também pode ser fabricada em vários tamanhos e materiais e, portanto, pode ser projetada para representar a menor ameaça possível aos veículos que passam. As lâminas sólidas, em semicírculo, do Savonius também o tornam facilmente visível e evitável tanto para os condutores como para a vida selvagem. Com base nestas informações e em vários guias na Internet, diz-se que uma turbina Savonius seria mais adequada para uma autoestrada.
O vento proveniente de várias direcções também é adequado para uma turbina Savonius, uma vez que pode captar o vento de qualquer direção. Assim, pode concluir-se que uma turbina eólica de eixo vertical Savonius funcionaria bem no cenário de uma berma de autoestrada.

Assim, este trabalho centra-se na conceção e análise da turbina do tipo Savonius. A turbina do tipo Savonius é uma turbina eólica simples que funciona com base no conceito de arrasto. A turbina Savonius pode ser projectada com duas ou três pás, em fase única ou em fases múltiplas. O princípio de funcionamento da turbina Savonius assemelha-se a um anemómetro de copo. A baixa eficiência da VAWT limitou a sua utilização na produção de energia eléctrica em grande escala. A vantagem mais evidente das VAWT é que podem funcionar em todas as direcções do vento, pelo que são construídas sem recurso a qualquer mecanismo de guinada. Outras vantagens incluem o baixo ruído e a simplicidade.

Neste trabalho, é projetado um VAWT para produzir uma potência de 50 W. Como o desempenho da VAWT é relativamente baixo, torna-se necessário explorar o efeito do número de pás e do dimensionamento das pás do rotor na fase de projeto. A turbina eólica Savonius é uma VAWT do tipo arrasto, que utiliza a força de arrasto para o seu funcionamento. Salienta-se que as teorias aerodinâmicas desenvolvidas para turbinas eólicas do tipo elevador (HAWT e Darrieus) não podem ser aplicadas à turbina Savonius.

O padrão de escoamento em torno das pás do rotor Savonius é caracterizado por fenómenos de escoamento que produzem diferenças de pressão entre as superfícies côncavas e convexas das pás, o que induz força e binário aerodinâmicos. Explica-se ainda que os fenómenos de escoamento incluem turbulência elevada, instabilidade e separação do escoamento. A figura seguinte mostra que a força de resistência normal, *FN*, actua perpendicularmente à superfície da pá, enquanto a força de resistência tangencial, *FT*, actua ao longo da direção tangencial em cada pá.

FN e *FT* são dados pelas equações seguintes:

$$F_N = \Delta P * S \sin \emptyset$$

$$F_T = \Delta P * S \cos \emptyset$$

Onde ΔP representa a diferença de pressão entre as superfícies côncava e convexa da pá e S representa o comprimento da corda.

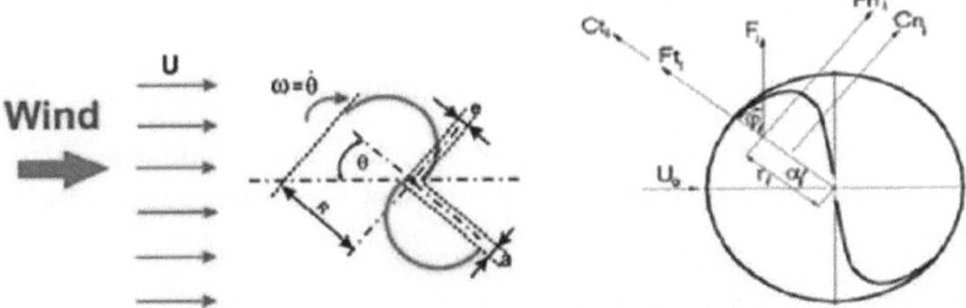

Fig.3.7 O padrão de fluxo em torno da pá do rotor Savonius

3.5 Aplicações e vantagens das turbinas Savonius

As turbinas Savonius são utilizadas sempre que o custo ou a fiabilidade são muito mais importantes do que a eficiência. Por exemplo, a maioria dos anemómetros são turbinas Savonius, porque a eficiência é completamente irrelevante para essa aplicação. Turbinas Savonius muito maiores têm sido utilizadas para gerar energia eléctrica em bóias de águas profundas, que necessitam de pequenas quantidades de energia e têm muito pouca manutenção. A conceção é simplificada porque, ao contrário das turbinas eólicas de eixo horizontal (HAWT), não é necessário qualquer mecanismo de apontamento para permitir a mudança da direção do vento e a turbina tem arranque automático. A Savonius e outras máquinas de eixo vertical são boas para bombear água e outras aplicações de binário elevado e baixas rotações e não estão normalmente ligadas a redes de energia eléctrica. Podem, por vezes, ter longas espirais helicoidais, para proporcionar um binário suave.

A aplicação mais omnipresente da turbina eólica Savonius é o ventilador Flettner, que se encontra habitualmente no tejadilho de carrinhas e autocarros e é utilizado como dispositivo de arrefecimento. O ventilador foi desenvolvido pelo engenheiro aeronáutico alemão Anton Flettner na década de 1920. Utiliza a turbina eólica Savonius para acionar um ventilador de extração. Os ventiladores continuam a ser fabricados no Reino Unido pela Flettner Ventilator Limited

As pequenas turbinas eólicas Savonius são por vezes utilizadas como painéis publicitários, em que a rotação ajuda a chamar a atenção para o objeto anunciado. Por vezes, apresentam uma animação simples de dois fotogramas.

As vantagens das turbinas eólicas verticais são as seguintes

- Mais fácil de manter porque a maioria das suas partes móveis estão localizadas perto do solo. Isto deve-se à forma da turbina eólica vertical. Os aerofólios ou pás do rotor estão ligados por braços a um eixo que assenta num rolamento e acciona um gerador por baixo, normalmente ligando-o primeiro a uma caixa de velocidades.

- Como as pás do rotor são verticais, não é necessário um dispositivo de guinada, o que reduz a necessidade deste rolamento e o seu custo.

- As turbinas eólicas verticais têm um ângulo de inclinação do aerofólio mais elevado, o que permite melhorar a aerodinâmica e diminuir a resistência a baixas e altas pressões.

- Nos topos das colinas, nas cristas e nos desfiladeiros, os ventos podem ser mais fortes e mais intensos perto do solo do que nas alturas, devido ao efeito de aceleração dos ventos que sobem uma encosta ou que se afunilam num desfiladeiro, combinados com os ventos que se deslocam diretamente para o local. Nestes locais, os VAWT colocados junto ao solo podem produzir mais potência do que os HAWT colocados a maior altitude.

- Altura reduzida útil quando a legislação não permite que as estruturas sejam colocadas em altura.

- Os VAWT mais pequenos podem ser muito mais fáceis de transportar e instalar.

- Não necessita de uma torre autónoma, pelo que é muito menos dispendioso e mais forte em ventos fortes que se aproximam do solo.

- Normalmente têm um rácio ponta-velocidade mais baixo, pelo que é menos provável que se partam com ventos fortes.

3.6 Desvantagens das turbinas Savonius

- Pode haver um limite de altura para a construção de uma turbina eólica vertical e para a área de varrimento que pode ter.

- A maioria dos VAWTS precisa de ser instalada num terreno relativamente plano e alguns locais podem ser demasiado íngremes para eles, mas ainda podem ser utilizados para HAWTs.

- A maioria dos VAWTs produz energia com apenas 50% da eficiência dos HAWTs, em grande parte devido ao arrastamento adicional que têm quando as suas pás rodam contra o vento.

Capítulo 4:
Conceção e fabrico de turbinas eólicas

4.1 Metodologia

O objetivo deste trabalho foi conceber e desenvolver uma turbina eólica de eixo vertical (VAWT) para uso urbano. A VAWT foi projectada para funcionar em condições com os padrões de vento encontrados em ambientes de autoestrada, e precisava de ser suficientemente eficiente do ponto de vista mecânico para ser uma opção viável para o uso público. Ao otimizar o VAWT para ambientes de autoestrada, foi dada especial atenção ao tipo de turbina utilizada e, em seguida, à conceção das pás para essa turbina. Para atingir este objetivo, foram abordados os seguintes objectivos

- Analisar os padrões e caraterísticas do vento numa autoestrada. Recolher dados sobre a força de resistência criada por diferentes veículos à velocidade máxima permitida na autoestrada.

- Avaliar várias concepções de turbinas para prever qual seria a melhor para utilização em auto-estradas, com base sobretudo na durabilidade, mas também nos seguintes factores: vibrações, fiabilidade, eficiência, capacidade de fabrico e custo de construção.

4.2 Considerações relativas ao trabalho

Ao conceber um sistema de turbina adequado para o trabalho, devem ser tidos em conta os seguintes pontos

1. O custo do equipamento deve ser razoável e o desempenho deve justificar o investimento inicial.

2. Dado que o equipamento deve ser montado numa zona próxima de tráfego intenso, deve ser tomado o máximo cuidado.

3. A manutenção periódica deve ser fácil, económica e eficaz.

4. Deverão existir medidas suficientes de controlo do ruído.

5. A unidade de produção de eletricidade deve armazenar a energia produzida de forma intermitente e deve ser capaz de fornecer uma produção constante através de um mecanismo adequado.

6. O espaço consumido pelo equipamento não deve ser muito grande, ou seja, não deve dificultar o movimento do veículo.

Um grande obstáculo ao crescimento da energia eólica é a flutuação das fontes de vento. As auto-estradas parecem ser uma fonte suficiente de energia eólica potencial. Uma análise aprofundada do fluxo de fluidos devido ao tráfego nas auto-estradas deve ser reformada para adquirir limites para a conceção da turbina eólica. A turbina deve ser capaz de armazenar energia para ser utilizada quando o tráfego é reduzido, quando há tráfego de para-choques ou de pára-arranca.

O projeto deve ser sustentável e amigo do ambiente. As turbinas convencionais que utilizamos em várias aplicações são maioritariamente turbinas eólicas de eixo horizontal. O principal problema deste tipo de turbinas é o facto de não conseguirem recolher o vento de todos os lados. Outro tipo de turbina eólica é a turbina eólica de eixo vertical. A principal vantagem deste tipo de turbina é que pode recolher energia eólica de todas as direcções. Esta vantagem deste tipo de turbina torna-a adequada para o projeto em questão.

O fator mais influente para o projeto serão os ventos que se produzem devido ao movimento dos veículos. Esses ventos são produzidos como resultado da turbulência e há uma diminuição progressiva da amplitude da velocidade de rotação (proporcional à velocidade turbulenta num determinado ponto) à medida que aumenta a distância entre o objeto em movimento (veículos) e o recetor (turbinas). Por conseguinte, seria um compromisso colocar a unidade não demasiado longe (critério de desempenho) nem demasiado perto (por precaução de segurança).

4.3 Envolventes e coberturas da turbina

Quando se projectam turbinas para obter a máxima eficiência, a conceção das pás não é o único aspeto a ter em conta. Um invólucro em torno de uma VAWT pode ser concebido de forma a criar um efeito de funil, resultando num aumento do fluxo de ar para a turbina, aumentando assim as rotações por minuto. Este invólucro pode também ter a vantagem de eliminar os ventos cruzados e proteger a turbina de riscos ambientais, como as aves. Um diagrama simples de uma turbina eólica com cobertura pode ser visto a seguir:

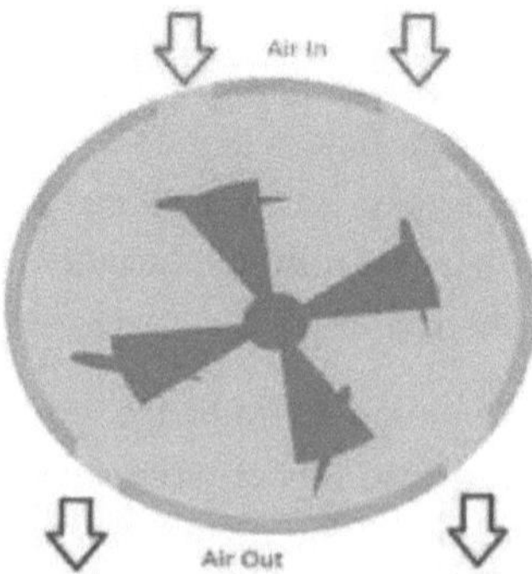

Fig.4.1 Um diagrama simples de uma turbina eólica com cobertura

Trabalhos anteriores investigaram em pormenor a eficácia de uma cobertura numa VAWT de arrasto do tipo Savonius. A configuração do invólucro utilizada por Holak e Mourkas, tal como descrita em Enclosed Vertical Axis Wind Turbines (Turbinas eólicas de eixo vertical fechadas), pode ser vista abaixo. Holak e Mourkas concluíram que estas blindagens têm um efeito positivo na eficiência das VAWT de arrasto.

Fig.4.2 Turbinas eólicas de eixo vertical fechadas

4.4 Analisar os padrões de vento

Os veículos em movimento na autoestrada criam forças de arrastamento no movimento da sua propagação. Os veículos com uma velocidade média de 80 km/h criam um vento de arrastamento de aproximadamente 8 mps. Numa autoestrada movimentada, mantém-se uma velocidade do vento constante de 8 mps, considerando a média, o que deve ser suficiente para fazer funcionar a turbina.

Foram estudados três tipos diferentes de turbinas: de arrasto e de elevação. Foram consideradas as vantagens e desvantagens de cada tipo de turbina e do tipo de pá correspondente (Savonius e Darrieus). Os resultados da análise do vento foram utilizados para determinar quais os atributos que mais preocupavam o projeto, tendo sido escolhido um tipo de turbina com base nisso. Um projeto específico foi modelado utilizando programas de desenho assistido por computador, tendo em conta o desempenho estimado nas condições de vento previstas, bem como a possibilidade de fabrico do projeto. No final, a turbina foi projectada para utilizar a dinâmica de arrasto. Será constituída por lâminas de ar.

4.5 Fabrico da turbina

Nas turbinas eólicas é utilizada uma vasta gama de materiais. Existem diferenças substanciais entre as máquinas de pequena e grande dimensão e prevêem-se alterações nos projectos que terão em conta a introdução de novas tecnologias de materiais e métodos de fabrico. Para chegar a um total, a utilização de materiais é ponderada pela quota de mercado estimada dos vários fabricantes e tipos de máquinas. Em geral, os materiais utilizados nas turbinas eólicas são o aço, o alumínio, o cobre e o plástico reforçado

Neste trabalho foram utilizados discos de alumínio e chapas de alumínio. De seguida, apresentam-se algumas propriedades importantes presentes nos materiais.

4.5.1 Propriedades dos materiais utilizados

Algumas propriedades dos materiais devem ser consideradas previamente antes da escolha do material da turbina. Algumas propriedades usuais são discutidas a seguir.

- Módulo de Young

É definido como o rácio entre a tensão e a deformação, em que a deformação não tem unidades. Por conseguinte, o módulo de Young tem as unidades de tensão, ou seja, N/mm^2 ou MPa ou GPa. O valor para o alumínio é 70GPa.

- Lei de Hooke

Esta lei estabelece que a tensão é diretamente proporcional à deformação dentro do limite de proporcionalidade.

$$\sigma = Ee$$

Onde E= Módulo de Young.

- Tensão de cedência

É o valor da tensão a que o material continua a deformar-se em condições de carga constante. O valor para o alumínio é 20MPa

- Stress máximo

É a tensão máxima induzida no provete e ocorre na região plástica. O valor para o alumínio é de 70MPa

- Stress da fratura

À medida que a redução da área da secção transversal continua, a capacidade de carga do provete diminui gradualmente. Numa determinada fase, a secção transversal do provete é tão pequena que não consegue suportar a carga e, por isso, parte-se. A tensão à qual o espécime se parte é conhecida como tensão de fratura. É geralmente menor do que a tensão final para materiais dúcteis.

- Dureza

É a medida da resistência à penetração e à abrasão, que é uma função da tensão necessária para produzir um tipo específico de falha. É geralmente expressa como um número.

- Resistência

A capacidade do material para absorver energia na gama plástica é conhecida como tenacidade. A tenacidade por unidade de volume do material é conhecida como módulo de tenacidade.

- Coeficiente de Poisson

O rácio entre a deformação lateral e a deformação longitudinal é conhecido como rácio de Poisson. O valor para o alumínio é 0,35.

4.6 Teoria e conceção

A potência eólica, P, é definida como a multiplicação do caudal mássico, pAV, e da energia cinética por unidade de massa, $\frac{1}{2}\,V^2$. A potência eólica é dada pela equação seguinte:

$P = \frac{1}{2}\,\rho A V^3$

A área varrida da turbina eólica Savonius é calculada através da multiplicação do diâmetro do rotor, D, e da altura do rotor, H. Quanto maior for a área varrida, maior será a potência gerada.

$$A = D.H$$

A potência eólica na equação acima representa a potência ideal de uma turbina eólica, como no caso de não haver perdas aerodinâmicas ou outras durante os processos de conversão de energia. No entanto, como já foi referido, não é possível converter toda a energia em energia útil. A eficiência ideal de uma turbina eólica é conhecida como limite de Betz. De acordo com o limite de Betz, tal como defendido por Musgrove, apenas 59,3% da energia eólica pode ser convertida em energia útil. Parte da energia pode perder-se na caixa de velocidades, rolamentos, gerador, transmissão e outros.

O valor máximo do coeficiente de potência Cp utilizado neste projeto é de 0,30, considerando várias perdas de transmissão, e a potência de saída, P, considerando a eficiência energética, é de

$P \quad 0.15\eta\rho A V^3$

Em que, η é o rendimento da turbina.

A velocidade do vento é o principal elemento que afecta a produção de energia. Os três parâmetros de velocidade do vento envolvidos neste projeto são a velocidade de entrada, a velocidade nominal do vento e a velocidade de saída. Afirma-se que os três parâmetros de velocidade do vento relacionados com o desempenho energético são os seguintes

$$V_{cut\text{-}in} = 0.5\,V_{avg}$$

$$V_{Rated} = 1.5\,V_{avg}$$

$$V_{cut\text{-}out} = 3.0\,V_{avg}$$

Todos estes parâmetros dependem do valor da velocidade média do vento. A velocidade média do vento, V_{avg}, foi encontrada como 8m/s.

A tabela seguinte resume o valor destes três parâmetros de velocidade do vento.

Tabela 4.1 Parâmetros da velocidade do vento

Parâmetro da velocidade do vento	Equação	Cálculo
Velocidade de corte, V_{cut-in}	$V_{cut-in} = 0,5 V_{avg}$	4 m/s
Velocidade nominal do vento, V_{Rated}	$V_{Rated} = 1,5 V_{avg}$	12 m/s
Velocidade de corte, $V_{cut-out}$	$V_{cut-out} = 3 V_{avg}$	24 m/s

O rácio de aspeto é um critério crucial para avaliar o desempenho aerodinâmico do rotor Savonius. Johnson sugere que o rotor Savonius seja concebido com a altura do rotor duas vezes superior ao diâmetro do rotor, o que conduz a uma melhor estabilidade com eficiências adequadas.

$$\text{Relação de aspeto} = H/D$$

O rácio de velocidade de ponta, λ, é definido como o rácio entre a velocidade linear da pá do rotor ωR e a velocidade do vento sem perturbações, V. Onde ω é a velocidade angular e R é o raio da parte giratória da turbina. O rácio máximo de velocidade de ponta que o rotor Savonius pode atingir é 1. Esse rácio elevado de velocidade de ponta melhora o desempenho da turbina eólica e pode ser obtido aumentando a taxa de rotação do rotor.

$$\lambda = \omega R / V$$

A solidez está relacionada com o rácio da velocidade da ponta. Um rácio de velocidade de ponta elevado resultará numa solidez baixa. Musgrove define a solidez como o rácio entre a área da pá e a área varrida do rotor da turbina. Para a VAWT, a solidez é definida como

$$\sigma = n.d / R$$

Onde n é o número de pás, d é o comprimento da corda ou pode ser definido como o diâmetro de cada meio cilindro, e R é o raio da turbina eólica.

Muitos investigadores provaram que quanto maior for o número de pás, maior será o desempenho da maioria das turbinas eólicas. No entanto, verificou-se que o rotor Savonius de duas pás tem um desempenho superior ao do rotor Savonius de três pás.

Neste contexto, o rotor de duas pás foi escolhido para este projeto.

A tabela seguinte mostra os parâmetros de conceção utilizados neste trabalho:

Tabela 4.2 Parâmetros de projeto da turbina

Parâmetro	Valor
Energia produzida	41.4 W
Área varrida	$0.72m^2$
Velocidade nominal do vento	12 m/s
Rácio de aspeto	2
Rácio de velocidade da ponta	1.0
Número de lâminas	2
Diâmetro - Altura	60cm - 120cm
Diâmetro da placa terminal	120 cm
Espessura da lâmina	2 mm
Espessura da placa terminal	20 mm

4.7 Princípio de funcionamento do dínamo

O dínamo utiliza bobinas rotativas de fio e campos magnéticos para converter a rotação mecânica numa corrente eléctrica direta pulsante através da lei de indução de Faraday. Uma máquina de dínamo é constituída por uma estrutura estacionária, designada por estator, que fornece um campo magnético constante, e por um conjunto de bobinas rotativas, designadas por armadura, que giram no interior desse campo. O movimento do fio dentro do campo magnético faz com que o campo empurre os electrões do metal, criando uma corrente eléctrica no fio. Nas máquinas de pequenas dimensões, o campo magnético constante pode ser fornecido por um ou mais ímanes permanentes; nas máquinas de maiores dimensões, o campo magnético constante é fornecido por um ou mais electroímanes, normalmente designados por bobinas de campo.

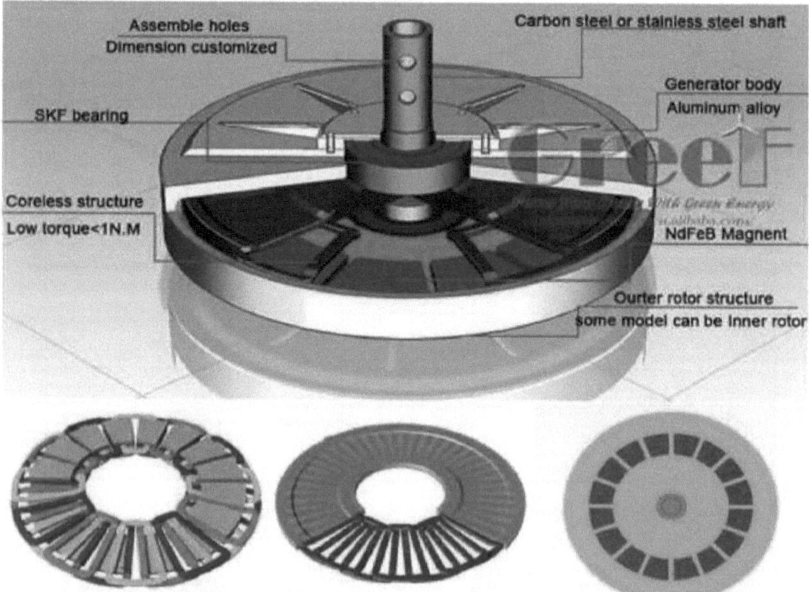

Fig.4.3 Princípio de funcionamento do dínamo

O comutador era necessário para produzir corrente contínua. Quando um fio em anel gira num campo magnético, o potencial nele induzido inverte-se a cada meia volta, gerando uma corrente alternada. No entanto, nos primórdios da experimentação eléctrica, a corrente alternada não tinha geralmente qualquer utilização conhecida. As poucas utilizações da eletricidade, como a galvanoplastia, utilizavam a corrente contínua fornecida por pilhas líquidas desordenadas. Os dínamos foram inventados para substituir as baterias. O comutador é essencialmente um interrutor rotativo. É constituído por um conjunto de contactos montados no eixo da máquina, combinados com contactos fixos de blocos de grafite, chamados "escovas", porque os primeiros contactos fixos eram escovas metálicas. O comutador inverte a ligação dos enrolamentos ao circuito externo quando o potencial se inverte, pelo que, em vez de corrente alternada, é produzida uma corrente contínua pulsante.

4.8 Conceção da turbina eólica Savonius

Uma turbina eólica é uma máquina de conversão de energia eólica. Uma turbina eólica converte a energia cinética do movimento do vento em energia mecânica transmitida pelo eixo. Um gerador converte-a ainda em energia eléctrica. Por isso, é necessário ter em conta, ao conceber as partes estruturais das turbinas eólicas.

4.8.1 Conceção das lâminas

As pás das turbinas eólicas têm uma secção transversal do tipo aerofólio e um passo variável. Ao projetar o tamanho da pá, é necessário conhecer o peso e o custo das pás. No projeto, são utilizadas duas pás com eixo vertical, com uma altura e uma largura de 120 cm e 30 cm, respetivamente. O ângulo entre as duas lâminas é de 180 .^{0}

4.8.2 Perfil da lâmina

Fig.4.4 Perfil da lâmina

4.8.3 Conceção dos veios

Ao conceber o eixo das lâminas, este deve ser corretamente ajustado à lâmina. O eixo deve ser o menos espesso possível e leve em peso, o eixo utilizado é muito fino em tamanho e está devidamente ajustado. Assim, não há problema de deslizamento e fração, é feito de alumínio oco que tem um peso muito leve. O comprimento do eixo e o diâmetro são 18 polegadas e 2,54 cm, respetivamente. E nas extremidades superior e inferior, o aço macio de 1 polegada de comprimento cada é fixado respetivamente para dar força ao eixo oco.

4.8.4 Conceção da chumaceira

Para o bom funcionamento do veio, é utilizado um mecanismo de rolamento. Para reduzir a perda de fricção, as duas extremidades do eixo são articuladas numa chumaceira da mesma dimensão. O rolamento tem um diâmetro de 2,54 cm. As chumaceiras são geralmente fornecidas para suportar o veio e para o seu bom funcionamento. Utilizámos rolamentos de esferas para facilitar a manutenção. As chumaceiras consideradas são 2 chumaceiras axiais e uma chumaceira de impulso para o bom funcionamento da turbina.

4.8.5 Um dínamo elétrico

Para a produção de eletricidade a partir da conceção da nossa turbina eólica de eixo vertical, escolhemos um dínamo de bicicleta que tem a capacidade de acender uma lâmpada de 12V.

4.8.6 Fabrico da cobertura

A cobertura foi construída com chapas de alumínio. Para poupar dinheiro, foi utilizada sucata sob a forma de chapas de impressão antigas. Estas chapas são cortadas em secções e seladas nas costuras para permitir a manutenção da sua estrutura dobrada.

4.9 Especificações da turbina eólica Savonius

Dimensões da base

Altura	14 polegadas
Largura	11 polegadas

Dimensões da lâmina

Altura	120 cm
Diâmetro	60 cm
Espessura	2 mm
Ângulo entre as lâminas	*180°*

Dimensões do eixo

Diâmetro2	,54cm
Comprimento	18 polegadas

4.10 Conceção da turbina eólica Savonius

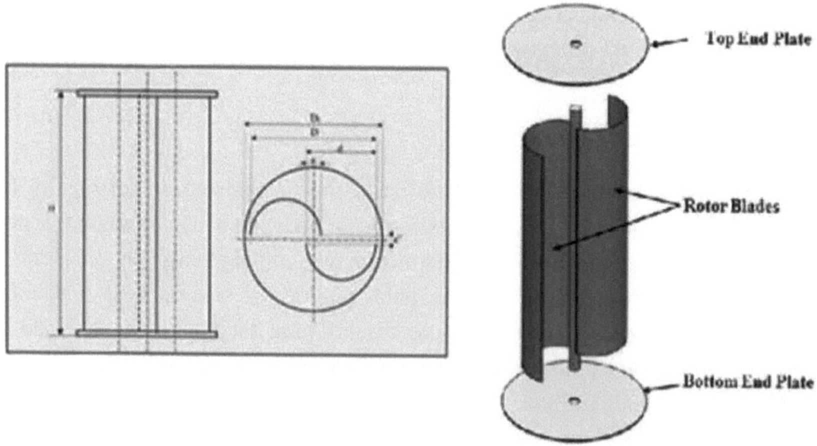

Fig.4.5 Conceção da turbina

4.10.1 Modelação Catia

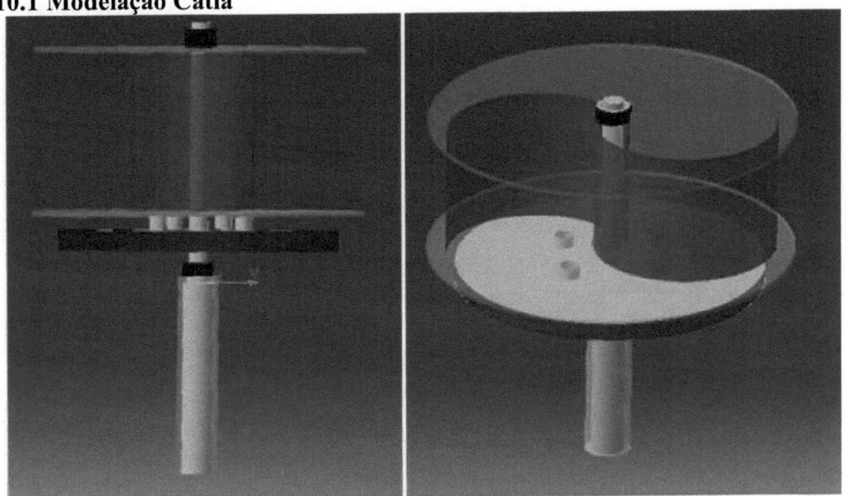
Fig. 4.6 Modelação Catia

Capítulo 5:
Princípio de funcionamento

5.1 Avaliação dos tipos de turbinas existentes

A principal vantagem de uma turbina do tipo elevador é o facto de ser muito eficiente. Tal como referido na secção, um aerofólio roda devido à diferença de pressão criada pelo ar que viaja ao longo do exterior e do interior da pá. Uma vez que os aerofólios se deslocam para o vento desta forma, podem mover-se a uma velocidade superior à do vento incidente, permitindo uma maior velocidade angular da turbina.

A elevada eficiência das turbinas do tipo elevador tem um preço. Não arrancam automaticamente a baixas velocidades do vento e, por isso, necessitam de um motor para arrancar sempre que a velocidade do vento diminui e a turbina pára de rodar. Esta entrada de energia eléctrica diminuiria significativamente a produção líquida da turbina nas condições de vento variáveis que se verificam em locais urbanos. Além disso, os aerofólios utilizados nas turbinas do tipo lift são muito mais difíceis de fabricar do que as pás simples em forma de taça utilizadas nas turbinas do tipo drag. Uma vez que os aerofólios são finos e a precisão da sua forma tem um forte efeito no seu desempenho, devem ser utilizadas técnicas mais sofisticadas e, normalmente, mais caras. Existem também algumas desvantagens mecânicas das turbinas do tipo lift. O tipo Darrieus padrão tem uma tensão elevada nas suas extremidades exteriores, o que pode levar a falhas mecânicas prematuras. Além disso, cada pá pára num ponto da rotação da turbina, o que pode levar a vibrações que causam problemas mecânicos e ruídos incómodos.

As turbinas de arrasto têm, na maioria dos casos, as caraterísticas opostas às turbinas de elevação. São de arranque automático, simples e baratas de fabricar, e geralmente mecanicamente fiáveis. No entanto, a sua eficiência é muito inferior à do tipo elevador, o que significa que, para este projeto com uma velocidade do vento relativamente baixa, uma turbina de arrasto produziria muito pouca energia. Mas a disponibilidade contínua de vento e a utilização no local podem revelar-se eficientes para o nosso projeto.

Os automóveis que circulam a velocidades suficientemente elevadas são capazes de provocar perturbações tão fortes no ar que a turbulência produzida é capaz de fazer rodar a turbina a uma velocidade suficientemente elevada.

O fluxo de vento nas auto-estradas depende da velocidade dos veículos que circulam. Os objectos mais rápidos e de grandes dimensões são mais capazes de causar maiores perturbações e induzir ventos nas proximidades até 3-4 metros.

Estes ventos podem ser captados pelas pás das turbinas próximas e estas rodam. Esta rotação das turbinas pode ser transmitida ao dínamo para produzir eletricidade através da utilização de uma unidade de aumento de velocidade para aumentar as rotações.

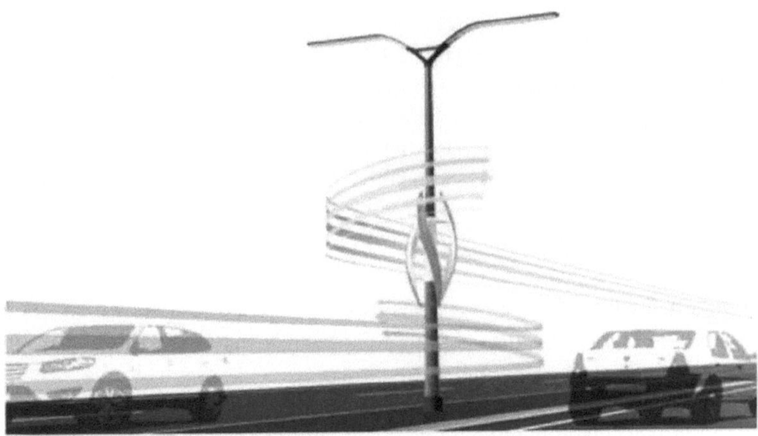

Fig.5.1 Turbina eólica Savonius num meio de estrada

A turbina será concebida de forma a aproveitar o fluxo de ventos induzidos em ambas as direcções do fluxo de tráfego. Para concretizar esta ideia, será utilizada uma "turbina eólica de eixo vertical", devido à sua capacidade de rodar no plano horizontal, independentemente da direção do fluxo de ventos. O movimento do tráfego nas auto-estradas é bidirecional. Por conseguinte, a turbulência é multidimensional e a escolha da turbina deve obedecer aos mesmos critérios.

Capítulo 6:
Resultados e discussão

A potência de saída esperada para várias velocidades é obtida através de fórmulas com os pressupostos necessários que são resumidos a seguir:

Tabela 6.1: Saídas da turbina

Velocidades (m/s)	Eficiência da turbina	Fricção Eficiência	Eficiência do dínamo	Saída (W)
9	0.3	0.60	0.7	54.43
8	0.3	0.65	0.7	41.41
6	0.3	0.70	0.7	18.81
5	0.3	0.72	0.7	11.24

Com o aumento da velocidade do vento, verifica-se que a potência de saída da turbina está a aumentar. Para armazenar a energia são utilizadas duas baterias de 12V. A bateria é carregada utilizando um retificador com o dínamo.

É aplicada uma resistência cerâmica que actua como carga de descarga para evitar o carregamento excessivo da bateria. A energia armazenada na bateria deve ser suficiente para alimentar as luzes da rua, bem como para ser transmitida a uma curta distância. Assim, o projeto é teoricamente aceitável. Com a utilização de coberturas para recolher e direcionar os ventos de ambas as direcções para a pá, a potência é aumentada.

Capítulo 7:
Conclusão e âmbito do trabalho futuro

7.1 Conclusão

Os resultados obtidos até à data são muito encorajadores e reforçam a convicção de que os sistemas de conversão de energia eólica de eixo vertical são práticos e potencialmente muito contributivos para a produção de eletricidade limpa e renovável a partir do vento, mesmo em condições de tempo menos que ideais.

A implementação da turbina eólica de eixo vertical beneficiaria grandemente os recursos energéticos não convencionais. Reduziria também o peso da utilização de fontes de energia convencionais. Podem ser instaladas na faixa intermédia das auto-estradas, sendo a largura a única limitação. Estas turbinas são comparativamente fáceis de construir e o investimento é também bastante acessível quando comparado com as HAWTs. Uma vez que as turbinas são mais pequenas, só podem ser utilizadas para aplicações de baixa potência, como a alimentação de postes de iluminação pública ou de praças de portagem. Além disso, podem também ser utilizadas para alimentar os painéis publicitários. Numa perspetiva futura, a adição de um sistema de regulação da velocidade e de um circuito de controlo pode tornar o modelo muito aceitável. As tendências emergentes na tecnologia mostraram um caminho para a utilização de fontes de energia não convencionais de forma tão eficiente e um pequeno esforço pode encontrar uma solução eficaz para o boom da energia eléctrica pela sociedade.

De forma conclusiva, são recolhidos dados extensivos sobre os padrões de vento produzidos pelos veículos em ambos os lados da autoestrada. Com base nos dados recolhidos, é projectada uma turbina eólica para ser colocada no meio da autoestrada. Embora uma turbina possa não fornecer uma produção de energia adequada, um conjunto de turbinas numa longa faixa da autoestrada tem potencial para gerar uma grande quantidade de energia que pode ser utilizada para alimentar a iluminação pública, outros equipamentos públicos ou mesmo gerar lucros vendendo a energia de volta à rede.

7.2 Âmbito do trabalho futuro

No futuro, a adição de um sistema de regulação da velocidade e de um circuito de controlo pode tornar o modelo muito aceitável. As tendências emergentes na tecnologia mostraram um caminho para a utilização de fontes de energia não convencionais de forma tão eficiente e um pequeno esforço pode encontrar uma solução eficaz para a expansão da energia eléctrica pela sociedade. O desenvolvimento de alternadores e dínamos eficazes pode ser utilizado para aproveitar a energia eólica de ventos relativamente pequenos. O material das pás pode ser substituído por fibra de vidro, que é mais leve e mais eficaz.

Além disso, uma cobertura auto-alinhante e rotativa poderia aumentar consideravelmente a quantidade de vento captado, aumentando assim o potencial de potência e a comercialização deste produto. Também podem ser adicionadas engrenagens com uma relação de transmissão aplicável para transmitir mais rotações ao veio do dínamo, criando assim mais potência.

Referências

1. Hunt, Daniel V. *Wind power: A Handbook on Wind Energy Conversion Systems.* Van Nostrand Reinhold, 1981.

2. Aggeliki, K. 2011. *Moinhos de vento verticais - Um levantamento de tipos e projectos.* 20 de maio. AccesseD 2015.

3. *Energia verde a partir de recursos naturais e renováveis.* http://apexeco.com/.

4. Halstead, Richard. 2011. "Tecnologia VAWT vs. HAWT". *Today's Energy Solutions.*

5. *How Wind Turbines Generate Electricity (Como as turbinas eólicas produzem eletricidade).* Acedido em março de 2015.

6. RenewableEnergyWorld.com. 2013. *Energia eólica.* Acedido em março de 2015.

7. Sargolzaei, J. e Kianifar, A. (2007): Estimativa da relação de potência e do binário em turbinas eólicas Savonius

8. Rotores usando Redes Neurais Artificiais. *Revista Internacional de Energia,* Vol.1, No.2.

9. Johnson, C. (1998): *Practical Wind-Generated Electricity.* [Em linha]. Disponível em: http://mbsoft.

10. Ahmed, M.A., Ahmed, F. e Waseem, A.M. 2006. Assessment of Wind Power Potential for Coastal Areas of Pakistan [Avaliação do potencial de energia eólica nas zonas costeiras do Paquistão]. Turk. J. Phy. 30: 127.

11. Akhtar, M.W., Ahmed, F. e Ahmed, M.A. 2009. Estimativa da radiação solar global e difusa para Hyderabad, Sindh, Paquistão. J. Basic Appl. Sci. 5: 73-77.

12. Birol, F. 2012. Renewable Energy Outlook, n.º 211-240, World Energy Outlook.

13. Chantharasenawong, C. e Tipkaew, W. 2010. A Primeira Conferência Internacional TSME sobre Engenharia Mecânica, 20-22 de outubro.

14. Corbus, D. e Meadors, M. 2005. Small Wind Research Turbine Final Report, Relatório Técnico NREL/TP-500-38550.

15. D'Ambrosio, M. e Medaglia, M. 2010. Vertical Axis Wind Turbines: History, Technology and Application, tese de mestrado em Engenharia da Energia, maio de 2010.

16. Gorlov, A.M. 1995. Unidirectional helical reaction turbine operable under reversible fluid flow for power systems, US Patent 5,451,137, Sept. 19, 1995.

17. Meyers, C.B. 2015. Types of Wind Turbines (Tipos de turbinas eólicas). Recuperado em 30 de janeiro de 2015.

18. Sheikh, M.A. 2010. Energy and renewable energy scenario of Pakistan [Cenário energético e de energias renováveis do Paquistão]. Renew. Sustain. Energy Rev. 14: 354.

19. Sicot, C. 2008. Efeitos de rotação e turbulência numa pá de turbina eólica. Investigação dos mecanismos de perda. J. Wind Engg. Indus. Aerodynam. 96(8-9): 1320.

20. Carper, Christopher. "Design and Construction of Vertical Axis Wind Turbines using Dual-layer Vacuum-forming." Instituto de Tecnologia de Massachusetts. junho de 2010.

21. Koch-Ciobotaru, C. "Data Acquisition System for a Vertical Axis Wind Turbine Prototype" (Sistema de aquisição de dados para um protótipo de turbina eólica de eixo vertical). Selected Topics in Energy, Environment, Sustainable Development and Landscaping. Ministério do Trabalho, da Família e da Proteção Social, Roménia. 2009.

22. Zingman, Aron. "Optimization of a Savonius Rotor Vertical-Axis Wind Turbine for Use in Water Pumping Systems in Rural Honduras." Instituto de Tecnologia de Massachusetts. junho de 2007.

23. http//www.materialselectionindex.php/properties